少儿启蒙编程

墨墨历险记

杜大国 董冰 张航◎著　一辉映画◎绘

知识点
ZHI SHI DIAN
1. 规律　2. 循环体
3. 循环结构

海豚出版社
DOLPHIN BOOKS
中国国际传播集团

U0253747

前言
QIAN YAN

[本书内容]
BEN SHU NEI RONG

墨墨是一只可爱的小蝌蚪，这本书通过墨墨的生活经历，让我们看到了生活中比比皆是的循环现象。

[概 念]
GAI NIAN

循环结构是指需要重复执行某些操作才能得到最终结果的结构。

[它能实现什么]
TA NENG SHI XIAN SHEN ME

每个循环结构都有循环体，循环体就是需要重复执行的代码。在编程中，循环结构可以减少重复书写的工作量，它是最能发挥计算机特长的结构。

[开卷有益]
KAI JUAN YOU YI

在循环中，我们不断探索新的方法，这就提升了我们的自主学习能力。在循环结构给我们提供的创造空间里，我们可以尽情施展，这可以开拓创新思维，使我们拥有更强大的创造力。

目录
MU LU

·第一章·

小蝌蚪墨墨

规律·04

·第二章·

墨墨去旅行

循环结构·20

·第三章·

墨墨长大了

小结及习题·32

·第四章·

墨墨的新世界

循环结构的流程图·38

规律

春风和煦，阳光明媚，绿油油的草地上开着五颜六色的小花，温暖的春天赶走了寒冷的冬天，万物复苏，生机盎然。

【编程小词典】

规律

规律是事物之间的内在本质联系。如果这种联系不断重复出现，并在一定条件下经常起作用，就能决定事物发展的必然趋势。

小青蛙花花开心极了，在这个温暖的春天，她的宝宝就要诞生了。

快乐的小蝌蚪
生命的规律

只要具备一定条件，在同一类事物中，符合规律的现象就会重复出现，并反复发生作用。

温暖的阳光轻抚着大地，青蛙妈妈在美丽的小池塘里生下了许多小宝宝，小蝌蚪墨墨从卵包中欢快地游了出来，它在水里玩耍，发现了好多和他长得一样的兄弟姐妹。

我们的生命周期有什么规律？

他们遇到的第一组小伙伴是鸭妈妈和她的孩子们。

我们是小蝌蚪，我叫墨墨。我的妈妈是青蛙，她的名字叫花花。我要经过蝌蚪期、变态期、幼蛙期、成蛙期这四个阶段的生长过程才能变得像妈妈一样漂亮，这就是我的生命循环过程。

我们鸭子要经过孵化期、雏鸭期、亚成年期和成年期这四个阶段的生长过程。我的孩子们还在雏鸭期，我要教他们游泳、觅食和自我保护，直到他们能独立生活。这就是我们鸭子的生命循环过程。

小蝌蚪们告别了鸭妈妈和小鸭子们，继续在水中欢快地玩耍着。

太阳的东升西落
大自然的规律

太阳在西边落下了，黑暗笼罩着大地，池塘边缘变得冰冷起来，墨墨和他的朋友们游进了池塘深处。

哇，这里暖和多了。

当太阳再次从东方升起时，温暖又回到了大地，小蝌蚪们从水底游出来，到池塘边缘玩耍。

雨是从哪里来的？

江河湖海中的水蒸发变成水蒸气，水蒸气上升到一定高度遇冷就会变成小水滴，很多小水滴组成了云，它们相互碰撞又合成了大水滴，当空气载不动它们的时候，它们就从云中落下，形成了雨，雨水落到江河湖海中，又蒸发，变成雨，又落下，这也是大自然的规律。

这天，他们游到一个小水洼，这里的泥巴好多呀。时间在欢愉中不知不觉过去了，中午的时候，天空中下起了毛毛雨。

小蝌蚪们在这个"日出、日落"的循环里慢慢长大了，它们到处寻找好玩儿的地方。

真好玩儿，真好玩儿！

【编程小知识】

规律的特点

　　墨墨真聪明，他在玩耍的过程中，发现规律是循环的，也是稳定的，而且是不以人的意志为转移的，就像墨墨不喜欢黑天，可太阳还是会落下；墨墨喜欢毛毛雨，可没有云朵就不会下雨。

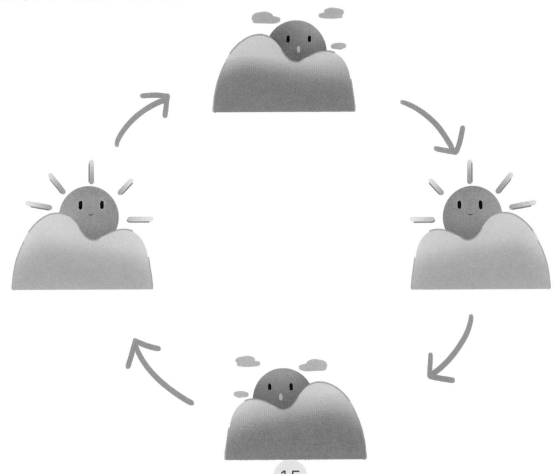

小蝌蚪们游到了一个新的小池塘里，这里有一条窄窄的通道，青蛙妈妈不断把阻拦水流的泥土踢到一边，通道变宽了，墨墨和他的伙伴们随着水流冲了出去。

【小知识】

等差数列

你知道它的规律了吗？第二行小蝌蚪的数量减去第一行小蝌蚪的数量等于1，第三行减第二行也等于1。每一项与它的前一项的差都等于同一个常数，就是等差数列的规律。

我们的位置排列有什么规律？

青蛙妈妈站在岸边看着她的孩子们，每一个都那么活泼可爱，她心里高兴极了！

生命有生命的规律，大自然有大自然的规律，万事万物皆有属于它自己的规律，只要我们遵循规律，就一定能找到通向成功的道路。

小蝌蚪们游到了一片稻田中。

墨墨发现每游一会儿就能看见一棵绿色的植物，它们的间隔都是一样的。

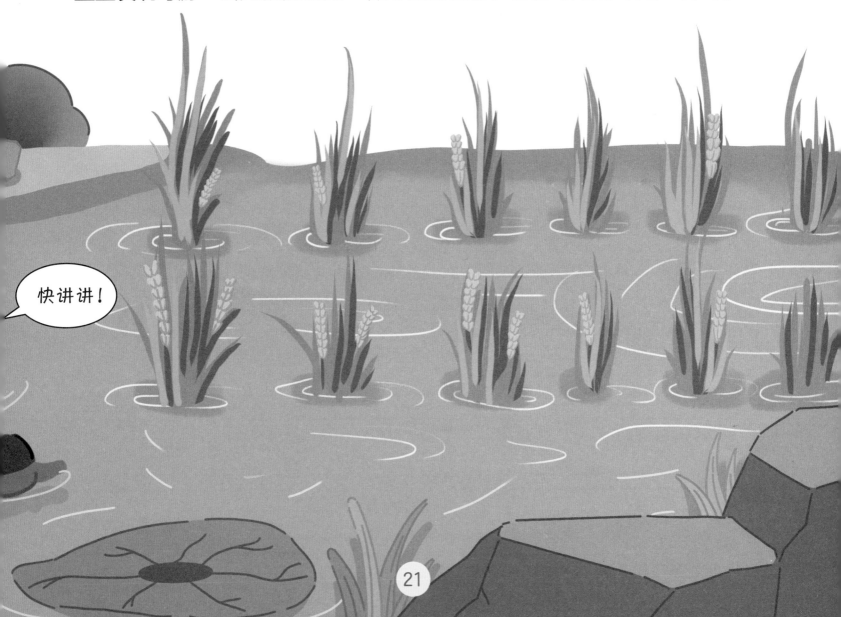

快讲讲！

墨墨带着小伙伴们从第一棵植物开始游起，经过一段距离，游到了第二棵植物，又向前游了相同的距离，游到了第三棵植物……他们就这样欢快地前行着，游到第七棵植物旁。

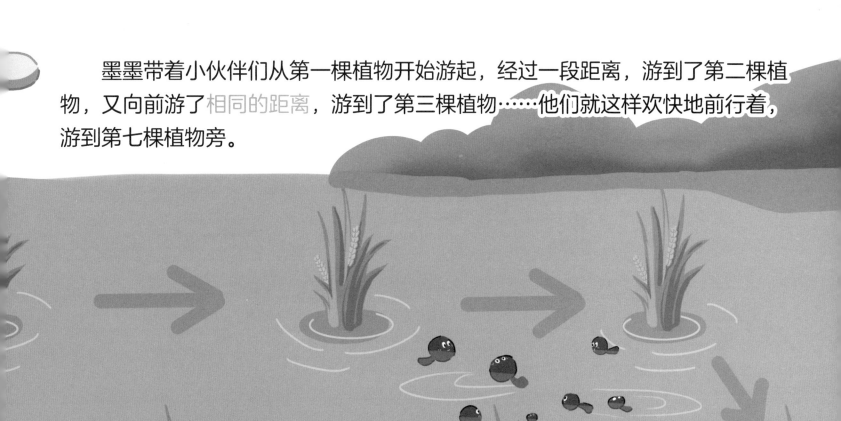

【编程小词典】

循环结构

需要重复执行某些操作，才能得到最终结果而设置的一种程序结构。

你们每游过一棵植物和一段相同的距离就是一个循环体，你们一共循环了6次，我一直在数着呢。

这时，一只螃蟹从第六棵植物旁走了过来。

小蝌蚪们告别了螃蟹先生，遇到了一条正在睡觉的鲇鱼。

每到一个地方都能遇到一个新朋友。

28

小蝌蚪们被鲇鱼先生吓得四处逃窜。

敢打扰我的美梦，
看我不教训你们！

不许欺负他们！

正在这时，青蛙妈妈赶到了，她吓跑了鲇鱼，保护了她的孩子们。

第三章
墨墨长大了
小结及习题

妈妈、妈妈，我们爱你！

妈妈、妈妈，你最美丽！

时间悄悄地过去了，小蝌蚪们先长出了两条后腿，又长出了两条前腿，然后尾巴逐渐变短、不见了，最后他们变成了和妈妈一样的青蛙。瞧！他们和妈妈一起消灭害虫，保护庄稼去啦。

小蝌蚪变成青蛙的过程中，先长后腿再长前腿的顺序是不会变的，这样按照顺序依次出现的过程就是顺序结构。

【试一试】
小朋友们能找出下图的循环体中包含哪些步骤吗？

自从墨墨变成了和妈妈一样健硕的青蛙后，头脑也更加灵活了，他对新鲜事物充满了好奇心。

　　这天，墨墨趴在大大的荷叶上舒服地晒着太阳，向往着池塘外面的世界。他看见小朋友欢快地走过，他们要去参观汽车工厂。墨墨也很好奇汽车工厂是什么样子，于是他跟在队伍后面，期待看到不一样的世界。

第四章
墨墨的新世界
循环结构的流程图

墨墨没有小朋友走得快，很快就不见了小朋友的踪影。他左寻右找终于看见了一个人，于是上前打听……

这是一个制造汽车的工厂。

请问这是哪里呀？

38

【小知识】

冲压车间是汽车制造过程中的重要工艺车间。车间的设备借助压力机的作用，对板料进行冲裁或成形等。

墨墨用他特有的蛙式小步伐参观了汽车工厂，感受到了科技的魅力。第一站是冲压车间，他被各种大型机械吸引了，在没人操作的情况下，机器们都按部就班地工作着。

首先映入眼帘的是切割机，它像一把大闸刀，不停地升起、落下，将一大卷铁板切割成大小相同的方块，然后再裁剪成一块块更小的铁板。

墨墨继续往前走，来到了另一个机器旁，这个机器好像八爪鱼的爪子，有好几个"吸盘"，它先落下机械臂把裁剪好的铁板吸住，然后抬起机械臂，将铁板放到传送带上，接着机械臂又复位到原来的位置，准备运输下一块铁板。就这样不停地重复着相同的动作。

【考考你】

1.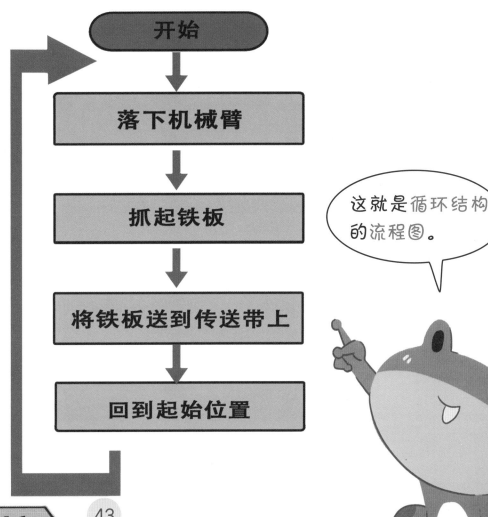

这个指令框用于流程图的＿＿＿点和＿＿＿点。

2. ↓ ↑

带箭头的线表示执行的＿＿＿和＿＿＿。

3.

这个指令框用于表示执行＿＿＿＿＿＿。

开始

落下机械臂

抓起铁板

将铁板送到传送带上

回到起始位置

这就是循环结构的流程图。

哇，前面还有更吸引墨墨的机器，他看到铁板被一个大锤子压住，然后锤子抬起，接着另一个机械臂将铁板拿起来，这时神奇的事情发生了——铁板变成了车门的形状。"车门"被机械臂放到传送带上，然后运输上架整齐地排列起来。

【试一试】

小朋友们，这个机器重复了哪些工作流程呢？请添加到流程图里吧！

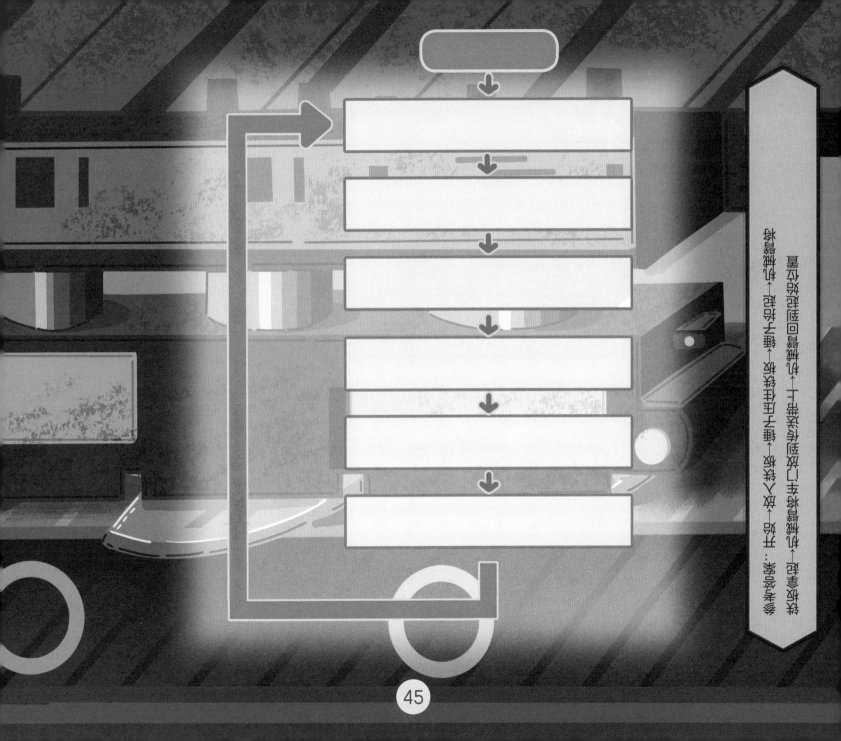

【小知识】
焊装车间是进行各类焊接作业的车间。比如车顶、车门、车架，也包括零部件的焊接。

每个机械臂都重复执行自己的工作，它们都是循环结构。

墨墨来到 焊接车间，他发现除了刚才的车门，还有许多其他用于组装汽车的框架都被运送到这里进行组装，有大大的机盖、稳固的车底盘、漂亮的驾驶室框架等，真让墨墨大开眼界呀！

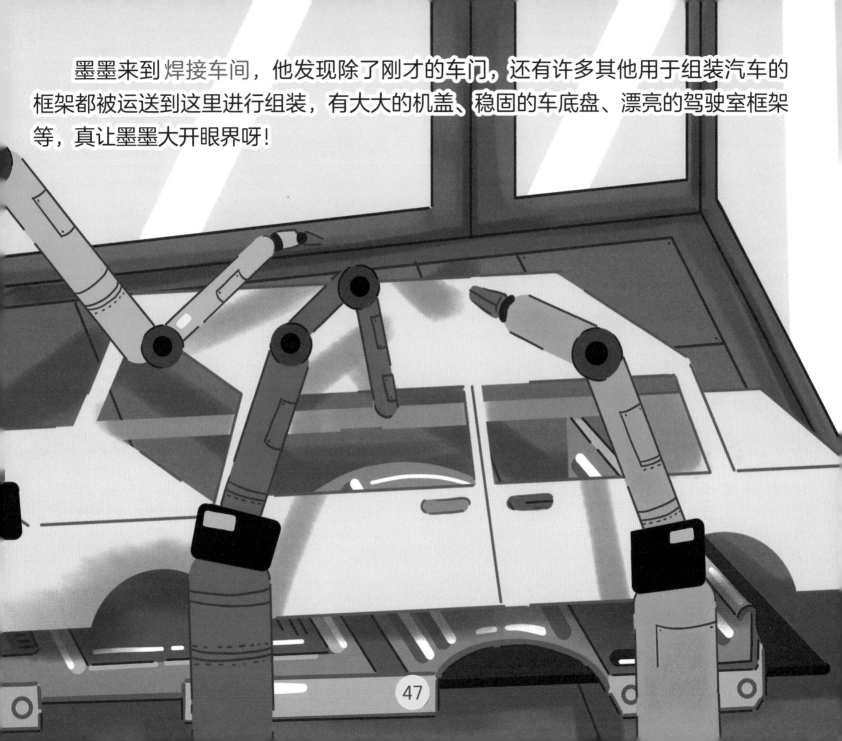

墨墨沿着底盘的运输路线来到了下道工序，这里的机器人同样很忙碌，有的运送零件，有的将零件放到汽车底盘上，有的在上面进行焊接，它们忙而不乱，秩序井然。

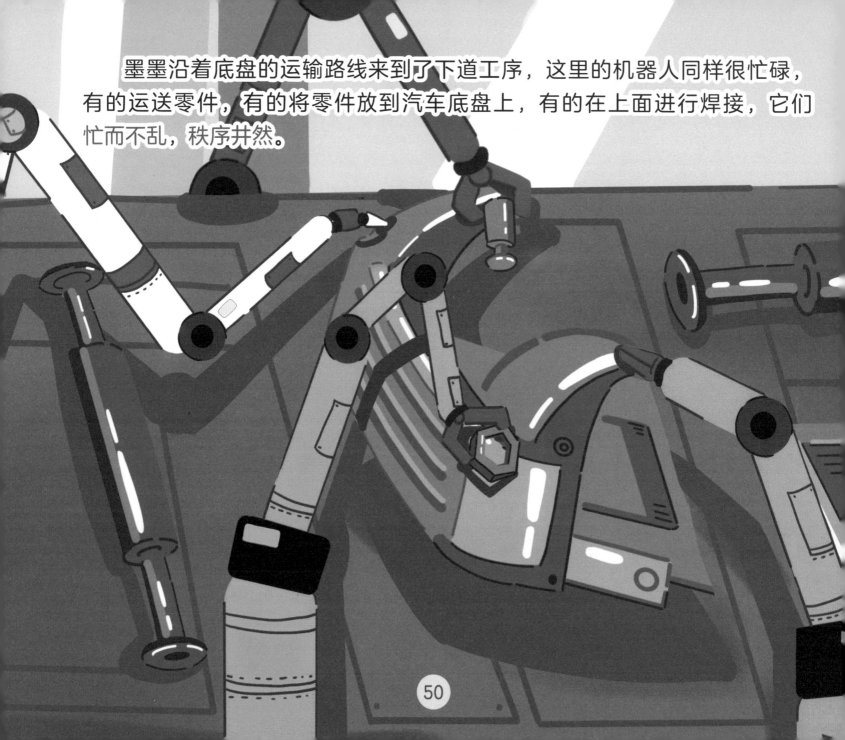

不一会儿就将汽车的发动机舱安装好了。

这个大机器人的工作是焊接发动机舱。

51

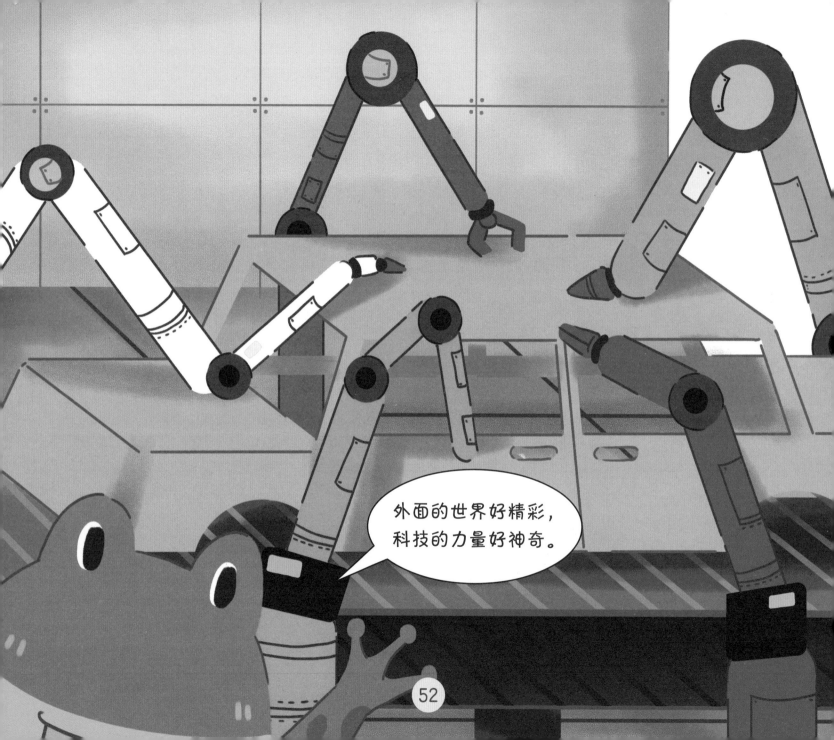

紧接着，汽车的侧围部分也很快焊接上了，最后安装好车门和盖板，汽车的框架就完成了。做好的汽车框架被放到传送带上运走了。

【试一试】

小朋友们想一想，焊接车间将零件焊接成汽车框架经历了几个步骤呢？

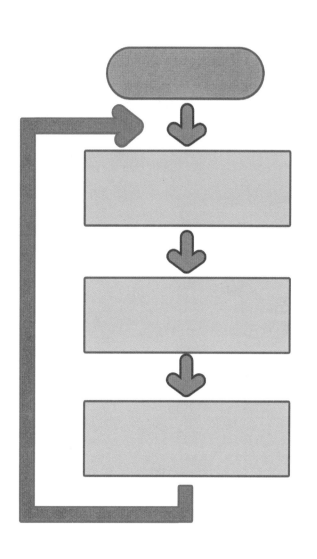

【小知识】
涂装车间是给产品上漆的车间。

墨墨来到涂装车间，整个车间是封闭的，他只能隔着巨大的玻璃窗参观。

他看到正在上色的汽车框架，框架两侧有4个带喷头的机械臂正在喷漆。工程师告诉墨墨，在给汽车喷漆的过程中，会产生对人体有害的物质，所以都是在密闭的空间中操作的。

工程师带着墨墨向总装车间走去。总装车间里面可真热闹呀，里面有好多工人叔叔在不停地忙碌，他们和机器人一起把汽车的发动机、仪表盘、座椅、轮胎等全部安装了上去。

57

58

【试一试】

　　小朋友们，你们还记得汽车制造的过程中都需要哪几个主要工艺流程吗？

　　试着用循环结构的流程图表示出来吧！

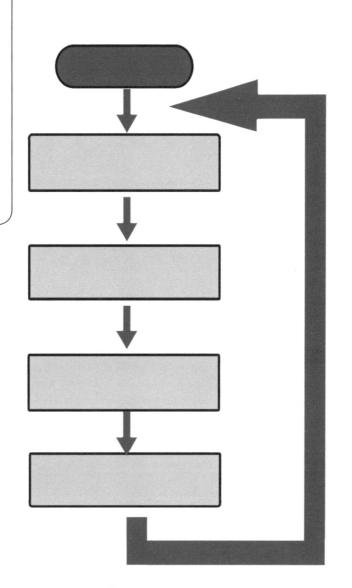

参考答案：冲压→焊装→涂装→总装→检验

图书在版编目（CIP）数据

少儿启蒙编程．墨墨历险记／杜大国，董冰，张航
著；一辉映画绘．－－北京：海豚出版社，2024.4
ISBN 978-7-5110-6778-4

Ⅰ．①少… Ⅱ．①杜… ②董… ③张… ④一… Ⅲ．
①程序设计－儿童读物 Ⅳ．① TP311.1-49

中国国家版本馆 CIP 数据核字 (2024) 第 051972 号

出 版 人：王　磊

责任编辑：王　梦
责任印制：于浩杰　蔡　丽
特约编辑：尹　磊
装帧设计：春浅浅
法律顾问：中咨律师事务所　殷斌律师
出　　版：海豚出版社
地　　址：北京市西城区百万庄大街 24 号
邮　　编：100037
电　　话：010-68996147（总编室）　010-68325006（销售）
传　　真：010-68996147
印　　刷：唐山玺鸣印务有限公司
经　　销：全国新华书店及各大网络书店
开　　本：12 开（710mm×1000mm）
印　　张：20（全 4 册）
字　　数：100 千（全 4 册）
印　　数：50000
版　　次：2024 年 4 月第 1 版　2024 年 4 月第 1 次印刷
标准书号：ISBN 978-7-5110-6778-4
定　　价：98.00 元（全 4 册）